U0251839

DAQI WURAN FANGZHI
XUANCHUAN SHOUCE

大气污染防治
宣传手册

《生态文明宣传手册》编委会 编

中国环境出版集团 · 北京

图书在版编目（CIP）数据

大气污染防治宣传手册 /《生态文明宣传手册》编委会编. -- 北京：中国环境出版集团, 2018.4（2019.4重印）

ISBN 978-7-5111-3634-3

Ⅰ. ①大… Ⅱ. ①生… Ⅲ. ①空气污染－污染防治－手册 Ⅳ. ①X51

中国版本图书馆CIP数据核字(2018)第075387号

出 版 人　武德凯
责任编辑　赵惠芬
责任校对　任　丽
装帧设计　彭　杉

出版发行　**中国环境出版集团**
　　　　　（100062 北京市东城区广渠门内大街16号）
　　　　　网　　址：http://www.cesp.com.cn
　　　　　电子邮箱：bjgl@cesp.com.cn
　　　　　联系电话：010-67112765（编辑管理部）
　　　　　　　　　　010-67112736（环境技术分社）
　　　　　发行热线：010-67125803 010-67113405（传真）
印　　刷　北京市联华印刷厂
经　　销　各地新华书店
版　　次　2018年4月第1版
印　　次　2019年4月第2次印刷
开　　本　787×1092 1/32
印　　张　1
字　　数　30千字
定　　价　3元

目　录

什么是大气污染

1. 洁净的大气

大气就是包围地球的空气。空气无色无味，1892年英国物理学家瑞利与英国化学家拉姆赛经过一系列实验发现，空气除了由氮气和氧气构成外，还包括一系列化学性质不活泼的"惰性"气体。

洁净的大气是由未受人类活动影响过的空气构成，洁净大气中的天空湛蓝，地面透视距离远，视野可见的景物异常清晰。人们常见的洁净大气中的天

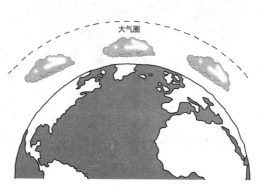

大气圈

空呈湛蓝色，这反映了可见光的组成成分中，蓝、靛、紫等色光的波长较短，更容易被正常的空气分子所散射的特点。此外，洁净的大气中空气干湿得宜，在前方没有障碍物的情况下，人眼最远可以观测到120千米以外的地方，据说高原地区甚至可以看到200千米以外的山脉，还有"望山跑死马"的说法流传。

2. 空气是怎样被弄脏的

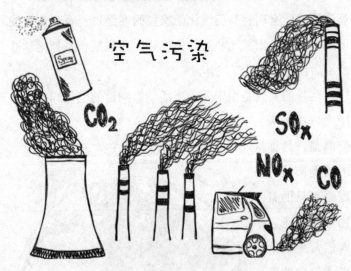

随着社会的不断发展，各种新的科学技术层出不穷，在工业、农业、交通运输等方面发展都为我们的生活带来了便利：火电厂为我们提供电力；水泥厂为我们提供建筑材料；飞机、汽车省去了我们跋山涉水的劳累；空调、暖气也减轻了我们在极端天气下的痛苦。但我们创造的人类文明社会，在为我们创造巨大财富和便利的同时，也把废气和废物排入大气之中，污染了我们赖以生存的空气。

3. 大气中的颗粒物

大气中的颗粒物一般被称作尘，尘有固态或液态两种形式。按照其在大气中的形成过程，尘可分为一次颗粒物和二次颗粒物。所谓一次颗粒物是指是直接导致大气污染的天然或人为造成的颗粒物，如含硫量高的煤燃烧后产生的烟尘。二次颗粒物则是大气受到污染后，对人体有危害的二氧化硫、氮氧化物、碳氢化合物等在大气中发生化学反应后形成的颗粒物。颗粒物作为大气污染的主要来源受到严格监测，空气质量监测常用的指标是悬浮颗粒物，俗称为烟尘和粉尘。该指标按照颗粒物的表面直径等级划分为两级，一是表面直径小于 10 微米的，为可吸入颗粒物，

简称为 PM_{10}；二是表面直径小于 2.5 微米的，为细颗粒物，简称为 $PM_{2.5}$。直径小于 10 微米的微粒可被人体吸入呼吸道；大于 5 微米的尘粒易被上呼吸道阻留，部分可随痰排出，其局部刺激作用，可引起慢性炎症；小于 5 微米的尘粒，可进入支气管和肺泡，引起支气管反射性痉挛、黏液分泌增加、呼吸道阻力增大。

4.一次污染物

相对于二次污染物而言，一次污染物又称"原生污染物"，是由污染源直接排入环境的，是物理和化学性状未发生变化的污染物，又称原发性污染物。常见的大气一次污染物有颗粒物、二氧化硫（SO_2）、一氧化氮（NO）、一氧化碳（CO）、氟化氢（HF）等。一次污染物是影响人体健康的隐形杀手。例如，二氧化硫对人的结膜和上呼吸道黏膜具有强烈刺激，长期接触低浓度二氧化硫，会出现倦怠、鼻炎、支气管炎等症状；二氧化硫形成的酸雾和酸雨会腐蚀金属，沉降到地面会破坏土壤和水质。

5. 二次污染物

　　二次污染物是指排入环境中的一次污染物在物理、化学因素或生物的作用下发生变化，或与环境中的其他物质发生反应所形成的新污染物，又称继发性污染物。与一次污染物相比，大气中的二次污染物是在物理性质和化学性质上完全不同的污染物，虽然它是由一次污染物参与形成的，但是二次污染物的毒性一般要强于一次污染物。如二氧化硫在大气中被氧化成硫酸盐气溶胶，汽车排气中的一氧化氮、碳氢化合物等发生光化学反应生成的臭氧、过氧乙酰硝酸酯等。二次污染物对环境和人体的危害通常比一次污染物严重，例如甲基汞比汞或汞的无机化合物对人体健康的危害要大得多，光化学氧化剂对人体也有较大危害。由二次污染物造成的环境污染，称为二次污染。

6. 臭氧

臭氧并不等同于污染，它有"两张面孔"。特殊环境、特殊区域的"臭氧"不但不是破坏者，还是保护伞。比如雷雨之后，空气会变得清新，甚至能闻到青草的味道，这是因为少部分氧气在遭雷击后转变为臭氧，而臭氧具有很强的消毒及灭菌功能；位于平流层内的臭氧层集中了全球大气90%的臭氧，这里的臭氧对人类是有利的，它们吸收掉了太阳放射出的大量对人类、动物及植物有害的紫外线辐射，成为地球的重要屏障。近地面的臭氧污染与人类活动息息相关。臭氧污染实际上是一种光化学污染，它不是直接排放出来的，而是由氮氧化物和挥发性有机物在高温强光照的天气背景下产生的污染物。夏季气温高，天气晴朗，紫外线强烈，是臭氧污染的高发季节。

7. 光化学烟雾

光化学烟雾属于一种二次污染物，是空气的氮氧化物和碳氧化物在阳光作用下发生化学反应生成的物质。早期的研究者认为，光化学烟雾和酸雨一样可能是二氧化硫造成的，然而后续的一系列分析显示，其实夏秋季节的强光和多日无风条件下，汽车尾气排放的氮氧化物和碳氢化合物聚而不散，形成的高浓度污染物才是光化学烟雾的罪魁祸首。氮氧化物和碳氢化合物在紫外线的参与下发生光化学反应，生成二次污染物如臭氧、醛类、过氧乙酰基硝酸酯等，通称为光化学烟雾。光化学烟雾具有强烈的刺激性，对人体最突出的作用是刺激眼睛和上呼吸道黏膜，引起眼睛红肿和喉炎。高浓度光化学烟雾能损害深部呼吸道黏膜和组织，可导致胸痛，甚至引起肺水肿。

大气污染的缘起

1.工业发展与大气污染

自 18 世纪 60 年代英国的工业革命以来，世界发生了翻天覆地的变化，大气污染从局部区域事件逐渐演变为全球环境问题。空气污染与工业发展相伴而生，工业废气是大气污染的主要组成部分。以工业为主导发展起来的国家几乎都有一段黑暗的大气污染历史。

工业污染源是由火力发电、钢铁、化工和硅酸盐等工矿企业在生产过程中所排放的煤烟、粉尘及有害化合物等形成的污染源。此类污染源由于不同工矿企业的生产性质

和流程工艺的不同，其所排放的污染物种类和数量大不相同，其共同的特点是排放源集中、浓度高、局地污染强度高，是城市大气污染的罪魁祸首。

2. 交通运输与大气污染

随着经济社会的发展，我国的交通运输业快速发展，各种交通工具排放的尾气引发的污染越发严重，已经成为大气污染的主要来源之一。交通运输污染源是指汽车、飞机、火车和轮船等交通运输工具运行时向大气中排放的尾气。其中较为突出的是汽车排出的废气。汽车污染大气的特点是排出的污染物距人们的呼吸带很近，能直接被人吸入，从而影响人体健康。汽车内燃机排出的废气中主要含有一氧化碳、氮氧化物、烃类（碳氢化合物）、铅化合物等。

3. 建筑施工与大气污染

随着我国建筑工程规模保持快速增长，建筑工程施工扬尘对大气污染的贡献也越来越大。例如，施工过程中土方开挖及回填、出入工地建筑材料运输及搬运等会直接产生扬尘，施工现场搅拌混凝土和砂浆时会产生扬尘，以及施工现场未进行必要围挡、施工现场内的道路未硬化、浮土、积土未覆盖和建筑垃圾未及时清运等也会产生扬尘。另外，房屋拆除工程施工过程中由于防治措施不当或无防治措施，建筑材料、垃圾、渣土等运输车辆未冲洗干净，以及建筑垃圾（渣土）消纳场所、混凝土搅拌站原材料的露天堆放及道路清扫等也都会产生扬尘。

4. 农业生产与大气污染

农业从生产到农产品残余物的不当处置,都会导致大气遭受污染。农业生产过程中,为防治病虫害,需要对作物喷洒农药,雾状或粉剂的农药微粒悬浮在大气中,会造成大气污染。施用于农田的氮肥,有相当数量会直接从土壤表面挥发直接进入大气,造成氮氧化物污染。收获季节,焚烧秸秆会产生大量的一氧化碳、二氧化碳等有害气体,然而由于运输的不方便以及对于秸秆还田的不认同,部分农民仍会焚烧秸秆,这会导致空中悬浮颗粒数量明显升高,农村大气的这种污染进一步向城市蔓延,则会造成大面积污染。此外,只有少部分养殖场引进了沼气发酵设备进行畜禽粪便厌氧发酵处理,大部分畜禽养殖场均未采取任何处理直接排放畜禽粪便,也会对周围大气环境造成影响。

大气污染的监测

1. 空气质量监测网络

为有效防治空气污染,各国均对大气环境质量进行长期定点监测。根据监测区域的不同类型,常规环境空气质量监测点一般可以分为环境空气质量评价城市点(可简称城市点)、环境空气质量评价区域点(可简称区域点)、环境空气质量背景点、污染监控点和路边交通点5种类型。

2. 工业污染源的监测

工业污染源是大气污染的重点监测对象。在重点国控污染源中,可实现自动监测的点位,采用全天连续监测;不能自动监测需手工监测的,二氧化硫、氮氧化物每周需监测一次以上,颗粒物每月需监测一次以上,废气中其他污染物每季度需监测一次以上。同时，各级环保部门对于重点污染源企业还要开展每季度一次的监督性监测。国控、省控重点污染源，需要根据环境监测技术规范和自动监控技术规范安装自动监测设

备，并实现与环境保护主管部门联网，建设完成需通过环境保护主管部门验收。

3. 交通污染源的监测

　　为了防治机动车排气污染、保护和改善大气环境、保障人体健康，不同地区相继推出机动车排放污染防治办法。国家在用机动车污染物排放标准中规定，新车和在用机动车要进行排气检测，并核发合格标志。

　　除定期在环保检测站对机动车进行排气污染检测外，行驶中的机动车污染物排放也可用遥感检测等技术抽测。后者无须拦停车后检测，直接利用车载红外紫外激光检测

装置，就可对汽车尾气中的一氧化碳、碳氢化合物和氮氧化物实施监测，一般仅需 0.8 秒就可完成对正常行驶车辆的检测，而不影响被检车辆的正常行驶，更不会因而造成交通堵塞。

4. 生活污染源的监测

大气污染生活源的监测因为监测对象数目众多，实现难度较大，一般以抽查的形式开展。生活污染源主要是炊事和取暖季节向大气排放的有害气体和烟雾。当前对生活污染源的监测主要针对生活源锅炉。餐饮业的油烟具有专门的监测标准，未设固定监测点，而是采用抽查的方式展开。具体根据 2001 年国家颁布了《饮食业油烟排放标准（试行）》（GB 18483—2001）执行，用于防治餐饮业油烟对大气环境和居住环境的污染。

身边的大气污染防治

1. 大气污染防治的政府行动

2013年，国务院颁布实施《大气污染防治行动计划》（"大气十条"），是中国大气污染防治历史进程中里程碑式的文件。随后，各省级政府陆续出台了地方性的大气污染防治规划、实施方案，各市县则制订了大气污染防治工作的年度计划和落实要求，并进行了中期评估、年底考核等一系列的监督工作。2018年初，环境保护部发布消息称，5年来中国加快淘汰落后产能，加速能源清洁化，控制煤炭消费总量，推进水泥、石化等重点行业改造，加强大气环境监管能力。通过这些措施，全国地级及以上城市可吸入颗粒物浓度下降了两成多，京津冀、长三角、珠三角区域细颗粒物浓度分别下降39.6%，34.3%和27.7%，北京市细颗粒物浓度从89.5微克/立方米降至58微克/立方米左右，"大气十条"各项目标全面实现。

目前，部分地区和时段空气重污染问题仍然突出，大气污染防治总体形势依然严峻，下一步将制订"打赢蓝天保卫战 3 年作战计划"，明确具体时间表和路线图，确保取得更大成效。

政府行动还体现在污染源清单制定和大气污染监测预警机制的建立上。2015 年，我国地级及以上城市已全部建成细颗粒物监测点和国家直管的监测点。各省市政府也相应建立了自己的大气污染监测预警机制，制定了预警响应方案与应急预案。

政府对已有环境信息进行免费公开，以各种形式向公众展示空气质量改善的决心，并主动接受社会监督。

2. 大气污染防治的企业行动

企业是大气污染防治的主力军，国务院《大气污染防治行动计划》明确指出，企业是大气污染治理的责任主体，要求企业按照环保规范要求，从内部管理、资金投入、先进的生产工艺和治理技术等方面多管齐下，保证达标排放，甚至达到"零排放"。同时规定，企业具有自觉履行保护环境的社会责任和接受社会监督的义务。

对企业要求的具体目标包括基本淘汰钢铁、电力、水泥、平板玻璃等行业的落后产能，非电行业全面实现污染达标排放，推动钢铁、平板玻璃、水泥等行业全过程节能和烟气治理工程，石化化工行业 VOCs 控制技术普及率大幅度提高，VOCs 排放总量大幅削减。

3. 大气污染防治的机关行动

机关单位办公和空调能源消耗较大，提高机关干部、职工的节能意识，对机关节能减排工作实行分项、分指标管理，是减少大气污染负荷的重要途径。具体应在全面分析机关的能耗情况下，进行科学分析评估，并通过加强技术改进，进一步完善节能设备改造，将节能降耗项目、目标、任务落实到单位及责任人，以确保机关设备的节能降耗和安全运行。

在办公室工作中，应做到节约办公用电，尽可能少开灯或不开灯，走后无人时要随手关灯。常用办公设备，如计算机、打印机、复印机等要及时关机，晚上要切断电源开关。夏季办公区域的空调温度，设置在 26℃以上；冬季

空调温度，设置在 20℃ 以
下；无人时不开空调，开空
调时不开门窗。

　　在公务出行过程中，加
强公务用车使用管理，并提
倡出行最大限度地少开车或
不开车，鼓励乘坐公共交通工具，倡导相近行程的职工拼
车上下班。

4. 大气污染防治的学校行动

　　作为文化传播特定场所，学校是承载大气污染防治宣
传教育的重要载体。在中小学等各类学校，通过宣传教育，
使学生获得正确的节能环保知识和价值观，并通过具体实
践行为养成良好的节能减排习惯。在时间上，学生的在校
生活约为每天生活的 1/3，环境的影响对学生的环保意识
有潜移默化的影响。校园的环境、生活和管理体系，都是
传播保护大气环境、拯救"呼吸之痛"的重要内容。

　　校园环境管理是在校园生活中落实大气污染防治行动
的重要环节。这是因为学校是人口活动密集区，尤其是学校的室外活动区域，课外学生活动容易把地面粉尘带入大气中，造成二次污染。因此，学校室外活动空间，要定期组织清扫、不留绿化死角。特别是雨雪天气，要在校园入口处安装除泥污装置，尽量不让学生把校园外的泥污带进校园。

同时，教导学生在校外期间，养成良好的生活习惯。不随地吐痰、不乱扔垃圾、节约用电用水，少吃或不吃街边烧烤，以及倡导学生远离增加大气污染负荷的玩具等。通过学生影响家人、亲友，小手拉大手的方式，引导他们从自身做起、从点滴做起、从身边的小事做起，推动全社会共同参与到大气污染防治过程中，在全社会树立起"同呼吸、共奋斗"的行为准则，共同改善空气质量。

5. 大气污染防治的工人行动

产业工人作为企业生产行为的具体执行者，需要严格执行国家环保法律法规，提高环境保护意识，始终把环境意识贯穿于所有操作流程之中，通过现场管理最大限度地减少或杜绝跑冒滴漏，在企业生产所有环节贯彻环保精神，在大气污染防治工作中发挥主力军作用。督促所在企业积极履行社会责任，确保环保设施稳定高效运行，保证环保设施 24 小时正常运转，保障除尘、脱硫等环保设施发挥最大功效。在工作和生活过程中，积极监督举报本企业和其他企业大气污染的不法行为，为企业顺利实施节能减排把住第一道关。

7. 大气污染防治的农民行动

农村大气污染物种类多、产生量大、分布面广。农民应提高环境保护的意识，最大限度地改变那些增加大气污染负荷的生产方式和生活习惯。

在生产过程中，农民应尽量减少农药使用量；尽量减少耕地沙尘，选择耕地墒情较好时进行翻耕；尽快加强农机使用管理，提高农用机械燃料燃烧率；避免农用机械使用过程中产生的残留燃料及其他液态物质任意散落，要及时进行收集并集中处理；禁止焚烧农作物秸秆，因地制宜综合利用农作物秸秆。

在生活中过程中，农村有条件的区域应在做饭和取暖等方面，最大限度地利用太阳能和沼气等清洁能源。

8. 大气污染防治的市民行动

大气污染防治与每个人息息相关，每个城镇居民既是大气污染的受害者，又都可以积极参与到大气污染防治的过程之中，有所作为。在个人行为方面，提高自身修养，以文明市民的标准要求自己，树立公德意识，不乱扔乱倒废弃物。在带宠物户外活动期间，做到及时处理宠物粪便，不让其散落于地面，以避免粪便风干后的微粒被带入大气中。在节庆期间，少放或不放烟花爆竹，禁烟控烟。

在交通出行方面，坚持绿色出行，尽量乘坐公共交通工具，少开车，大力提倡"135"的绿色环保出行理念，即1公里内步行、3公里内骑自行车、5公里内乘公共交通的出行方式。在家庭房屋装修、改造时，应采取隔离措施，避免把扬尘带入大气中。在日常饮食方面，最大限度地减少因烹炒产生的油烟。在汽车消费方面，共同抵制大排量汽车，倡导小排量经济实用型汽车。

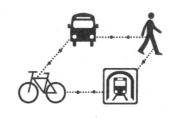

大气污染的健康防护

1. 疾病患者的雾霾天自我防护

雾霾是健康的"隐形杀手"，对易感人群，例如老人、孩子、孕妇以及患有呼吸道疾病患者的影响尤为严重。

对于有慢性呼吸道疾病的患者，如哮喘、慢性咽喉炎、过敏性鼻炎、心血管疾病的人群或者体弱多病者、老人、小孩、孕妇等，应尽量减少雾霾天气出行。在室内要多喝水，多吃新鲜、富含维生素的水果，保证生活作息规律。如果慢性呼吸道疾病和心血管疾病患者雾霾天气外出，尤其是哮喘、冠心病患者，要随身携带药物，以免受因受到污染物刺激，导致病情突然加重。

2. 佩戴口罩对 PM$_{2.5}$ 的阻挡作用

细颗粒物的相对直径大小仅为针尖的 1/20，是普通无纺布口罩纤维根本无法阻隔的。纤维口罩只能筛除较大的颗粒物，而对直径小于 5 微米的颗粒物毫无作用，更不用说细颗粒物了。

符合标准的医用口罩，对于 0.3 微米的颗粒物透过率为 18.3%，普通一次性医用口罩，为 85.6%，佩戴这两种医用口罩，能够对细小的颗粒物起到一定的阻挡效果。

效果更好的是医用 N95 口罩，对 0.3 微米的粒子能够进行有效阻隔。密闭性实验室中，0.3 微米的粒子透过率也只有 0.425%，可以说 99% 的颗粒物都被阻挡住。N95 口罩也有缺点，因为口罩滤除悬浮颗粒效率越高，造成呼吸阻力就越大，呼吸越费劲，所以长时间佩戴容易出现缺氧、胸闷等情况。因此，老年人和有心血管疾病人并不宜长时间佩戴，如果佩戴应特别小心因呼吸困难而导致的头晕。

3. 空气净化器的使用

随着前几年大气雾霾污染的蔓延，空气净化器已经成为广大居民生活居家必备电器之一。疾病控制与病毒防治专家建议，为应对雾霾天气购买净化器的消费者，应与室内通风相结合。室内每天在上午 10 时和下午 3 时这两个时间段，应开窗通风 20 分钟左右。避免被夸大的商业广告所误导，并应该多听听专家的意见，通过科学的方法减少雾霾的影响。

空气净化器的使用时间不宜过长，因为当相对封闭环境空间达到一定阈值，净化效果就会迅速降低，此时的空气净化器不仅达不到净化空气的效果，反而会适得其反污染环境。

4. 雾霾天的晨练

常年坚持风雨无阻的晨练对保持身体健康是非常有好处的。但是雾霾天气无论如何也要停下来。在晨练时，人体吸入的包含可吸入颗粒、二氧化硫等污染物的空气会增加数倍，相应地吸入的有害物质也会成倍增加，这会刺激呼吸道，引起咳嗽、咽喉肿痛等反应，严重时可能会出现呼吸困难、胸闷、心悸等不良症状。

雾霾天气如果有健身需要，可以选择在室内进行较为轻柔的锻炼项目。特殊人群，如免疫力差的易感人群、有心脑血管系统疾病或者有呼吸系统疾病的人群，不适宜雾霾天进行体育运动，如果外出最好选择上午 10 点到下午 3 点这个时间段。

气象部门通常会专门发布轻度、中度和重度三级预警公告，分别为黄色、橙色、红色，这反映了空气中细颗粒物浓度与大气能见度、相对湿度等气象要素状况。当气象部门发布中度以上的雾霾预警时，就不适宜晨练了。

5. 雾霾天的饮食

雾霾天最容易受到伤害的器官一般是大肠、皮肤、喉咙、支气管，而辛辣食物会破坏我们的呼吸道黏膜，造成身体的免疫力下降，并诱发身体的病变。因此，在雾霾天不宜食用过多辛辣食物，饮食应该以清淡为主。

白萝卜、银耳、山药、百合、大白菜为代表的白色食物，润燥清肺，保养肺部功效显著，雾霾天气可以多吃。美味的银耳羹是银耳加些梨、百合、大枣、枸杞等熬制而成，滋阴润肺效果更佳，建议雾霾天多食用。

维生素A有抗氧化和维护上皮组织细胞的作用，有助于在呼吸道形成一层有效防止外界雾霾入侵的保护膜，以防污染物伤害呼吸道。富含β-胡萝卜素的食物可以在体内转换为维生素A，也有类似的效果。富含β-胡萝卜素和维生素A的食物有南瓜、木耳、山芋、胡萝卜、哈密瓜、橘子、橙子等，可以在平时多食用。由于雾霾天紫外线照射不足，人体内维生素D生成不足，造成有些人精神懒散、情绪低落，因此必要时还可补充一些维生素D。

"同呼吸，共奋斗"
公民行为准则

第一条 关注空气质量。遵守大气污染防治法律法规，参与和监督大气环境保护工作，了解政府发布的环境空气质量信息。

第二条 做好健康防护。重污染天气情况下，响应各级人民政府启动的应急预案，采取健康防护措施。

第三条 减少烟尘排放。不随意焚烧垃圾秸秆，不燃用散煤，少放烟花爆竹，抵制露天烧烤。

第四条 坚持低碳出行。尽量乘公交出行，或合作乘车、步行、骑自行车，不驾驶、乘坐尾气排放不达标车辆。

第五条 选择绿色消费。优先购买绿色产品，不使用污染重、能耗大、过度包装产品。厉行节约，节俭消费，循环利用物品，参与垃圾分类。

第六条　养成节电习惯。适度使用空调，控制冬季室温，夏季室温不低于 26 摄氏度；及时关闭电器电源，减少待机耗电。

第七条　举报污染行为。发现污染大气及破坏生态环境的行为，拨打 12369 热线电话进行举报。

第八条　共建美丽中国。学习环保知识，提高环境意识，参加绿色公益活动，共建天蓝、地绿、水净的美好家园。